Abdelhafid Mimouni

Controlo de deslocações em materiais

Abdelhafid Mimouni

Controlo de deslocações em materiais

ScienciaScripts

Imprint

Any brand names and product names mentioned in this book are subject to trademark, brand or patent protection and are trademarks or registered trademarks of their respective holders. The use of brand names, product names, common names, trade names, product descriptions etc. even without a particular marking in this work is in no way to be construed to mean that such names may be regarded as unrestricted in respect of trademark and brand protection legislation and could thus be used by anyone.

Cover image: www.ingimage.com

This book is a translation from the original published under ISBN 978-620-6-72306-6.

Publisher:
Sciencia Scripts
is a trademark of
Dodo Books Indian Ocean Ltd. and OmniScriptum S.R.L publishing group

120 High Road, East Finchley, London, N2 9ED, United Kingdom
Str. Armeneasca 28/1, office 1, Chisinau MD-2012, Republic of Moldova, Europe
Printed at: see last page
ISBN: 978-620-6-14688-9

Controle de deslocamentos em materiais

Autor: Dr. Abdelhafid Mimouni

Pesquisador independente em química bioinorgânica, o Dr. Mimouni é especialista em síntese e caracterização macromolecular. Obteve seu PhD em Química pela Universidade de Paris XII em 1997, depois de obter o Diplôme des Études Approfondies em Sistemas Bioinorgânicos pela Universidade de Paris XI em 1993, onde também obteve seu Licence e Maîtrise em Química.

Resumo: Este livro explora em profundidade o papel dos deslocamentos nos materiais, abrangendo sua descoberta histórica, seu impacto nas propriedades mecânicas e sua modelagem. Após uma introdução sobre a definição e a estrutura dos deslocamentos, o texto apresenta a teoria fundamental e os mecanismos de deslocamento de deslocamentos, ilustrados por exemplos práticos. Ele detalha as técnicas de observação, como a microscopia eletrônica de transmissão e a difração de raios X. O livro também aborda as aplicações práticas de deslocamentos em superligas e materiais nanoestruturados, destacando estudos de casos específicos. O gerenciamento de deslocamentos para otimizar as propriedades do material é discutido, fornecendo uma visão geral dos avanços atuais e dos desafios futuros no campo.

ÍNDICE

Introdução

1. Apresentação do assunto

O deslocamento é um conceito fundamental na ciência dos materiais, desempenhando um papel crucial na compreensão das propriedades mecânicas dos materiais sólidos. Os deslocamentos são defeitos lineares na estrutura cristalina que permitem a deformação plástica dos materiais, um fenômeno essencial em muitas aplicações industriais e tecnológicas.

A importância da deslocação na ciência dos materiais

A descoberta dos deslocamentos remonta aos primeiros anos do século XX e marcou um grande avanço em nossa compreensão dos mecanismos pelos quais os materiais se deformam. Antes dessa descoberta, as teorias de deformação plástica em metais baseavam-se principalmente no modelo de deslizamento do plano atômico. De acordo com essa teoria, os metais eram deformados pelo deslizamento dos planos atômicos uns sobre os outros, sem levar em conta as imperfeições internas, como os deslocamentos.

O conceito de deslocamento foi introduzido de forma independente por **G.I. Taylor** e **E.O. Hall** na década de 1950. **Frank** e **Bilby** também fizeram uma contribuição significativa para essa teoria ao desenvolver o modelo de deslocamento. Esses cientistas mostraram que os deslocamentos são essenciais para entender como os materiais se deformam sob tensão. Taylor e Hall demonstraram que os deslocamentos permitem que os materiais se deformem plasticamente com tensões menores do que as previstas pelas teorias anteriores.

A teoria dos deslocamentos revelou que os materiais não se comportam simplesmente como entidades perfeitas, mas contêm defeitos internos que influenciam suas propriedades mecânicas. Isso levou a uma melhor explicação dos comportamentos observados, como o aumento da ductilidade dos metais e o impacto dos tratamentos térmicos e mecânicos em suas propriedades. Essa descoberta levou a melhorias significativas no projeto e no processamento de materiais, influenciando setores como o aeronáutico, o automotivo e o de tecnologias avançadas.

Aplicações e impacto nas propriedades dos materiais

Os deslocamentos influenciam várias propriedades importantes dos materiais:

- **Resistência à fratura**: Os deslocamentos afetam a maneira como os materiais se quebram sob carga. Ao gerenciá-los, é possível projetar materiais mais resistentes à fratura.

- **Ductilidade**: a presença de deslocamentos facilita a deformação plástica, aumentando a capacidade dos materiais de se deformarem antes de se romperem.

- **Fadiga**: os deslocamentos desempenham um papel fundamental no desenvolvimento de rachaduras durante ciclos de carga repetidos, influenciando, assim, a vida útil dos materiais sujeitos a condições de fadiga.

Compreender e gerenciar os deslocamentos é essencial para otimizar as propriedades dos materiais usados em aplicações críticas, desde componentes estruturais até dispositivos eletrônicos avançados.

2. Objetivos do livro

Definir o que os leitores podem esperar aprender

Este livro tem como objetivo fornecer uma compreensão aprofundada dos deslocamentos, desde sua teoria fundamental até suas aplicações práticas. Os leitores aprenderão:

- A natureza e os tipos de deslocamentos, incluindo deslocamentos em cunha e helicoidais.

- Os mecanismos de movimento de deslocamento e seu impacto nas propriedades do material, como resistência e ductilidade.

- Técnicas modernas de observação e modelagem de deslocamentos, incluindo microscopia eletrônica e simulações computadorizadas.

- Estratégias para controlar deslocamentos em materiais a fim de melhorar seu desempenho em aplicações específicas, como ligas metálicas e materiais compostos.

Público-alvo

Este livro é destinado a uma ampla gama de leitores:

- **Para estudantes**: Os alunos de cursos de ciência ou engenharia de materiais encontrarão explicações detalhadas e exemplos concretos para complementar sua formação acadêmica.

- **Pesquisadores**: os pesquisadores de ciência e engenharia de materiais se beneficiarão das discussões aprofundadas sobre os mecanismos de deslocamento e dos estudos de caso que ilustram os últimos avanços na área.

- **Engenheiros**: os profissionais envolvidos no projeto e no processamento de materiais poderão aplicar o conhecimento adquirido para resolver problemas práticos relacionados às propriedades dos materiais.

Capítulo 1: Introdução ao deslocamento

1. Definição de deslocamento

O que é uma luxação?

Um deslocamento é um defeito linear em uma estrutura de cristal em que os planos atômicos não são contínuos. É uma perturbação na estrutura regular da estrutura que facilita o movimento dos átomos e, portanto, a deformação plástica dos materiais. Diferentemente de um defeito pontual ou de uma rachadura, um deslocamento é uma linha estendida ao longo do cristal, permitindo que os materiais se deformem sob menos tensão.

Tipos de deslocamento: deslocamento de borda e deslocamento de parafuso

1. **Deslocamento de borda**: Esse tipo de deslocamento é formado por um plano extra de átomos inserido na estrutura do cristal. A luxação cria uma deformação que se propaga ao longo de uma linha perpendicular ao eixo da luxação. Os átomos são empurrados e puxados de suas posições normais, criando uma zona de compressão e uma zona de expansão ao redor do deslocamento.

2. **Deslocamento helicoidal (Parafuso)**: Nesse caso, a estrutura cristalina é deformada helicoidalmente em torno da linha de deslocamento. A deformação é paralela ao eixo da luxação, criando uma estrutura em espiral. Esse tipo de deslocamento é formado quando ocorre um deslocamento uniforme ao longo do eixo, fazendo com que a estrutura cristalina se torça helicoidalmente.

2. Estrutura de deslocamento

Descrição dos defeitos de rede associados a deslocamentos

Os deslocamentos modificam a estrutura regular da estrutura cristalina:

- **Deslocamento em cunha**: introduz um plano extra de átomos, criando uma zona de tensão e uma zona de compressão na estrutura. Isso causa uma mudança local na densidade atômica, resultando em deformação ao redor do deslocamento.

- **Deslocamento helicoidal**: cria uma deformação em espiral ao redor da linha de deslocamento, deslocando os planos atômicos continuamente ao longo do eixo. Isso resulta em um deslocamento progressivo da estrutura cristalina em uma direção helicoidal.

Diagramas e ilustrações de diferentes tipos de luxações

Os diagramas abaixo mostram as estruturas de deslocamento:

- **Deslocamento em cunha**: um diagrama típico mostra um plano extra de átomos inserido na estrutura, com zonas de compressão e expansão.

- **Deslocamento helicoidal**: um diagrama que mostra a torção helicoidal da estrutura cristalina em torno da linha de deslocamento, ilustrando o deslocamento progressivo dos planos atômicos.

3. Importância dos deslocamentos nos materiais

Influência nas propriedades mecânicas: resistência, ductilidade

Os deslocamentos desempenham um papel fundamental nas propriedades mecânicas dos materiais:

- **Resistência**: A presença de deslocamentos permite que os materiais se deformem plasticamente com tensões menores do que as necessárias para mover um plano perfeito de átomos. Como resultado, os materiais com alta densidade de deslocamentos podem ser reforçados por mecanismos como o endurecimento por tensão.

- **Ductilidade**: Os deslocamentos facilitam o deslizamento dos planos atômicos, aumentando a capacidade dos materiais de se deformarem antes de quebrar. Isso melhora a ductilidade dos materiais, o que é essencial para seu uso em aplicações que exigem alta deformação sem fratura.

Capítulo 2: Teoria e mecanismos de deslocamento

1. Teoria do deslocamento

Modelo de deslocamento de Frank e Bilby

O modelo de deslocamento desenvolvido por **Frank** e **Bilby** na década de 1950 representou um grande avanço em nossa compreensão dos deslocamentos. De acordo com esse modelo, um deslocamento é descrito como uma linha em um cristal ao longo da qual ocorrem deformações locais. O modelo é notável por sua capacidade de explicar como os deslocamentos se movem e interagem em uma estrutura de cristal.

Frank e Bilby propuseram que os deslocamentos estão associados a perturbações na estrutura atômica do cristal. Seu modelo mostra que os deslocamentos permitem que os planos atômicos deslizem mais facilmente, o que explica a deformação plástica dos materiais. Eles também introduziram conceitos como o deslocamento em cunha e o deslocamento helicoidal, fornecendo uma base para a teoria moderna de deslocamento.

Equações básicas e conceitos-chave

Os principais conceitos da teoria do deslocamento incluem:

- **Tensão de deslocamento**: A força por unidade de comprimento que atua ao longo da linha de deslocamento. A tensão de deslocamento é responsável pelo movimento dos deslocamentos na estrutura do cristal.

- **Vetor de Burgers**: um vetor que descreve a magnitude e a direção do deslocamento local na estrutura cristalina em torno do deslocamento. É fundamental para caracterizar a natureza e o comportamento dos deslocamentos.

- **Campo de deformação**: A maneira pela qual a presença de um deslocamento deforma a estrutura cristalina ao redor da linha de deslocamento. Isso inclui zonas de compressão e expansão que influenciam as propriedades mecânicas do material.

As equações básicas associadas aos deslocamentos incluem:

- **Equação de tensão de deslocamento**: Essa equação descreve a relação entre a força que atua em um deslocamento e o vetor de Burgers.

- **Equação do campo de deformação**: fornece informações sobre como a deformação da estrutura cristalina é distribuída em torno do deslocamento.

2. Mecanismos de deslocamento de deslocamento

Deslizamento e transbordamento de deslocamentos

Os deslocamentos se movem através da estrutura cristalina por dois mecanismos principais:

- **Deslizamento**: o mecanismo mais comum pelo qual um deslocamento se move ao longo de um plano de deslizamento. Esse movimento é facilitado pela presença de deslocamentos, o que reduz a tensão necessária para mover os planos atômicos.

- **Transbordamento**: esse mecanismo ocorre quando um deslocamento cruza um plano de deslizamento e se move para outro plano, geralmente perpendicular. O transbordamento é importante para a formação de estruturas complexas e para o gerenciamento de deformações em materiais.

Papel dos planos de deslizamento e das instruções de deslizamento

Os planos de deslizamento são planos específicos em um cristal em que os deslocamentos se movem com mais facilidade. **As direções de deslizamento** são as direções nas quais os deslocamentos têm maior probabilidade de se mover. Esses planos e direções são determinados pela estrutura cristalina do material e influenciam fortemente a maneira como os materiais se deformam sob tensão.

- **Planos de deslizamento**: Por exemplo, em cristais cúbicos centrados na face (FCC), os planos de deslizamento são geralmente planos {111}. Nos cristais cúbicos centrados no corpo (BCC), os planos {110} são geralmente os mais favoráveis.

- **Direções de** deslizamento: as direções de deslizamento em materiais CFC são geralmente direções <111>, enquanto em materiais CBC as direções <111> também são favorecidas.

3. Exemplos concretos

Estudo de caso 1: Deformação plástica em metais

Exemplo: Como os deslocamentos contribuem para a deformação plástica do aço em um teste de tração

Em um teste de tração no aço, os deslocamentos desempenham um papel fundamental na forma como o material se deforma. Quando o aço é submetido à tensão, os deslocamentos se movem ao longo dos planos de deslizamento, permitindo que o material se deforme plasticamente antes de quebrar. A densidade e a distribuição dos deslocamentos influenciam diretamente a resistência e a ductilidade do aço. Os tratamentos térmicos, como a têmpera, podem modificar a densidade dos deslocamentos, afetando assim as propriedades mecânicas do aço.

Estudo de caso 2: Deslocamentos em semicondutores

Exemplo: Impacto dos deslocamentos no desempenho dos dispositivos de silício

Em semicondutores como o silício, os deslocamentos podem ter um impacto significativo no desempenho dos dispositivos eletrônicos. Os deslocamentos no silício podem causar defeitos na estrutura do cristal que afetam o comportamento dos portadores de carga, levando a variações nas características elétricas de dispositivos como os transistores. O gerenciamento de deslocamentos por meio de técnicas controladas de crescimento de cristal e tratamento térmico é essencial para a fabricação de dispositivos de alto desempenho.

Capítulo 3: Técnicas de observação e caracterização

1. Microscopia eletrônica de transmissão (TEM)

Metodologia para observar deslocamentos

A microscopia eletrônica de transmissão (TEM) é uma técnica fundamental para observar deslocamentos no nível atômico. Ela usa feixes de elétrons transmitidos através de uma amostra muito fina. Os elétrons interagem com os átomos na estrutura do cristal, criando contrastes que revelam a presença de deslocamentos. Os deslocamentos aparecem como linhas ou áreas de contraste nas imagens de MET, permitindo a visualização direta das deformações na estrutura do cristal.

Exemplos de imagens MET

As imagens de TEM mostram os deslocamentos como linhas distintas na estrutura do cristal. Por exemplo, as imagens podem mostrar deslocamentos em forma de cunha e helicoidais, com contrastes nítidos ao redor das linhas de deslocamento. Essas imagens permitem que a estrutura e a densidade dos deslocamentos sejam visualizadas, fornecendo informações cruciais sobre sua distribuição e impacto no material.

2. Difração de raios X

Como a difração pode revelar a presença e o movimento de deslocamentos

A difração de raios X é uma técnica eficaz para estudar a presença e o movimento de deslocamentos, analisando como os raios X são difratados pela estrutura do cristal. Quando os deslocamentos estão presentes, eles criam desvios nos planos de difração, causando picos de difração ampliados ou alterações na intensidade do pico. Essas variações fornecem pistas sobre a densidade e os movimentos dos deslocamentos no cristal.

Exemplo prático: Análise da estrutura de um cristal de cobre

Na análise de um cristal de cobre, a difração de raios X pode revelar informações sobre a estrutura cristalina na presença de deslocamentos. As medições de difração mostram o alargamento dos picos de difração, indicando a presença de deslocamentos. Usando técnicas avançadas de difração, como a difração de raios X de alta resolução, é possível quantificar a densidade de deslocamentos e estudar seu efeito sobre as propriedades do cobre.

3. Espectroscopia de força atômica (AFM)

Uso de AFM para estudar deslocamentos de superfície

A espectroscopia de força atômica (AFM) é usada para examinar deslocamentos de superfície com resolução nanométrica. A AFM usa uma sonda que escaneia a superfície do material, detectando variações na topografia causadas por deslocamentos. Essa técnica fornece imagens tridimensionais da superfície do material, permitindo que os deslocamentos e outros defeitos de superfície sejam identificados e caracterizados.

Aplicações e resultados típicos

A AFM pode ser usada para observar deslocamentos em amostras de metais, semicondutores e outros materiais. Por exemplo, em amostras de silício, a AFM pode revelar deslocamentos como irregularidades na superfície, com alturas de defeitos que correspondem aos deslocamentos. Os resultados típicos incluem imagens detalhadas que mostram as características dos deslocamentos, sua densidade e sua distribuição na superfície das amostras.

Este capítulo apresenta as principais técnicas usadas para observar e caracterizar deslocamentos, incluindo TEM, difração de raios X e AFM, com exemplos concretos que mostram sua aplicação em vários materiais.

Capítulo 4: Modelagem e simulação de deslocamentos

1. Métodos de modelagem

Modelagem atomística e modelos contínuos

Há duas abordagens principais para modelar deslocamentos: atomística e contínua.

- **Modelagem atomística**: esse método simula deslocamentos levando em conta as interações entre átomos individuais. Os modelos atomísticos usam simulações de dinâmica molecular para estudar os movimentos dos átomos e a formação de deslocamentos. Esses modelos fornecem uma compreensão detalhada dos mecanismos em escala atômica e permitem que as propriedades dos materiais sejam previstas como uma função de seus defeitos atômicos.

- **Modelos contínuos**: Em contrapartida, os modelos contínuos usam aproximações que tratam os deslocamentos como entidades macroscópicas em um contínuo de matéria. Esses modelos, como a teoria da elasticidade do deslocamento, simplificam a complexidade atomística, concentrando-se nos efeitos globais dos deslocamentos nas propriedades mecânicas. Os modelos contínuos são frequentemente usados para prever o comportamento de materiais em uma escala maior e são adequados para a análise de deformações em grande escala.

Software e ferramentas usados na simulação de deslocamento

Vários pacotes e ferramentas de software são usados para simular deslocamentos:

- **LAMMPS (Large-scale Atomic/Molecular Massively Parallel Simulator)**: Software de dinâmica molecular que permite a simulação de sistemas atomísticos complexos, incluindo deslocamentos.

- **ATAT (Ferramenta Automatizada para Análise de Transporte)**: Usada para modelar a estrutura e as interações de deslocamentos em materiais.

- **ABINIT**: um programa de simulação para cálculos de estrutura eletrônica, incluindo simulações de deslocamentos em materiais.

Essas ferramentas possibilitam modelar e simular o comportamento de deslocamentos em vários materiais, facilitando a pesquisa sobre seus efeitos nas propriedades mecânicas e estruturais.

2. Aplicativos de simulação

Previsão de propriedades mecânicas de materiais

As simulações de deslocamento são usadas para prever as propriedades mecânicas dos materiais, analisando como os deslocamentos influenciam sua resistência, ductilidade e outras propriedades. Por exemplo, as simulações podem modelar como a introdução de deslocamentos afeta a resistência à tração de uma liga metálica. Ao ajustar os parâmetros das simulações, os pesquisadores podem prever como diferentes tratamentos térmicos ou mecânicos modificam as propriedades dos materiais.

Exemplo prático: Simulação do impacto de deslocamentos na dureza de uma liga

Para uma liga específica, as simulações podem mostrar como os deslocamentos afetam a dureza. Por exemplo, uma simulação poderia mostrar que o aumento da densidade de deslocamentos aumenta a resistência da liga ao impedir o movimento de outros deslocamentos, fenômeno observado em ligas reforçadas por dispersão. As simulações também podem ser usadas para otimizar composições e tratamentos térmicos para melhorar a dureza da liga de forma preditiva.

3. Estudos de caso

Estudo de caso 1: Modelagem de deslocamentos em uma liga de alumínio

Exemplo: Como as simulações preditivas ajudam a projetar ligas mais fortes

Neste estudo, as simulações são usadas para modelar deslocamentos em uma liga de alumínio. Usando simulações atomísticas e modelos contínuos, os pesquisadores podem observar como os deslocamentos interagem com outros defeitos na liga. Os resultados mostram como a densidade de deslocamentos e sua distribuição afetam a resistência à tração e a ductilidade da liga. Essas informações possibilitam projetar ligas de alumínio com propriedades mecânicas aprimoradas, adequadas para aplicações específicas, como componentes aeroespaciais.

Estudo de caso 2: Efeito dos deslocamentos na fadiga do material

Exemplo: Simulação de ciclos de fadiga e seus efeitos sobre deslocamentos em um material de construção

Histórico e objetivo

Os materiais de construção são frequentemente submetidos a cargas cíclicas, que podem levar a fenômenos de fadiga. Os deslocamentos têm uma influência significativa no comportamento de fadiga dos materiais, afetando a formação e a propagação de trincas. As simulações podem ser usadas para estudar esses efeitos em detalhes e melhorar a durabilidade dos materiais.

Metodologia de simulação

1. **Modelagem de ciclos de fadiga**

   o **Criação do modelo**: Começamos criando um modelo numérico do material com a introdução de deslocamentos. Podem ser usados modelos atomísticos ou contínuos. Para simulações atomísticas, a dinâmica molecular é usada com frequência, enquanto os modelos contínuos podem usar a teoria de elasticidade de deslocamento.

   o **Carga cíclica**: os ciclos de carga são simulados pela imposição de tensões repetidas no modelo. A forma da carga pode ser senoidal, quadrada ou triangular. A tensão aplicada é geralmente descrita por:

$$\sigma(t) = \sigma_{max} \sin(2\pi ft)$$

Em que $\sigma(t)$ é a tensão no momento t, σ_{max} é a tensão máxima, f é a frequência do ciclo e t é o tempo.

2. **Observação dos efeitos dos deslocamentos**

- **Evolução do deslocamento**: As simulações acompanham a evolução dos deslocamentos sob o efeito de ciclos de carga. A evolução dos deslocamentos geralmente é modelada por equações que descrevem seu movimento e sua interação com outros deslocamentos. Por exemplo, a equação de densidade de deslocamento ρ sob tensão pode ser dada por:

$$\rho(t) = \rho_0 + \Delta\rho \sin(2\pi ft)$$

em que ρ é a densidade de deslocamento inicial e $\Delta\rho_0$ é a variação na densidade de deslocamento devido à carga cíclica.

- **Formação de trincas**: As simulações mostram como os deslocamentos facilitam a formação de trincas. As trincas se propagam mais rapidamente em torno dos deslocamentos, que podem ser modelados pela equação de propagação de trincas:

$$da/dN = 1/(K_{max} - K_{min})$$

Onde a é o comprimento da trinca, N é o número de ciclos e K_{max} e K_{min} são os valores máximo e mínimo da intensidade do campo de tensão.

Resultados e análise

1. **Contribuição dos deslocamentos para a fadiga**

   o **Propagação de trincas**: Os resultados mostram que os deslocamentos promovem a formação de trincas ao aumentar a concentração de tensões locais. A velocidade de propagação da trinca é modelada pela lei de Paris-Erdogan:

$$\textbf{da /dN = C(\Delta K)}^{m}$$

   em que da/dN é a taxa de propagação de trincas por ciclo, ΔK é a magnitude do fator de tensão, e C e m são constantes do material.

Histórico do Ato Paris-Erdogan

A lei de Paris-Erdogan é uma relação fundamental para prever a velocidade de propagação de trincas sob cargas cíclicas. Ela foi desenvolvida de forma independente por dois pesquisadores: Paul C. Paris e Fatih Erdogan.

1. **Paul C. Paris**:

   o **Biografia e contribuições**: Paul C. Paris, engenheiro aeroespacial e pesquisador, foi um dos pioneiros no estudo da propagação de trincas. Ele começou seu trabalho sobre fadiga de materiais na década de 1960, em resposta aos desafios encontrados nas estruturas aeronáuticas.

o **Principais trabalhos**: Paris formulou uma lei empírica para a propagação de rachaduras em resposta a dados experimentais. Sua pesquisa levou ao desenvolvimento do modelo que leva seu nome, baseado na relação entre a velocidade de propagação da trinca e a intensidade do campo de tensão.

2. **Fatih Erdogan**:

o **Biografia e contribuições**: Fatih Erdogan, engenheiro e pesquisador da mecânica de materiais, colaborou com Paris no desenvolvimento dessa lei. Erdogan contribuiu para a análise teórica e a interpretação dos mecanismos subjacentes à propagação de rachaduras.

o **Principais trabalhos**: Erdogan fez contribuições significativas para a compreensão dos mecanismos de propagação de rachaduras e para a aplicação da lei de Paris-Erdogan em vários contextos de materiais e condições de carga.

o **Densidade de** deslocamento: uma densidade de deslocamento maior leva à propagação acelerada de trincas. As simulações mostram que essa densidade aumenta a taxa de falha do material.

2. **Implicações para a durabilidade dos materiais**

   o **Projeto de materiais resistentes**: Ao otimizar os tratamentos térmicos e as composições das ligas, a densidade e a distribuição dos deslocamentos podem ser controladas, melhorando assim a resistência à fadiga. Por exemplo, as ligas com baixa densidade de deslocamento podem ter uma vida útil mais longa sob carga cíclica.

   o **Métodos de previsão**: As simulações são usadas para prever a vida útil dos materiais em função das condições de carga e da presença de deslocamentos. Essas previsões são essenciais para o projeto de estruturas duráveis e o planejamento de intervenções de manutenção.

Conclusão

As simulações de ciclos de fadiga possibilitam o estudo detalhado do efeito dos deslocamentos no comportamento dos materiais submetidos a cargas repetidas. Elas fornecem informações valiosas para o projeto de materiais mais resistentes à fadiga e para o aprimoramento dos métodos de previsão de sua vida útil, contribuindo assim para a criação de estruturas mais seguras e duradouras.

Este capítulo explora os métodos de modelagem de deslocamentos, as aplicações de simulações para prever propriedades de materiais e apresenta estudos de caso que ilustram como essas simulações contribuem para o projeto e a análise de materiais.

Capítulo 5: Aplicativos práticos e avançados

1. Efeito dos deslocamentos nas propriedades do material

Influência na resistência à ruptura, fadiga e plasticidade

Os deslocamentos desempenham um papel fundamental na determinação das propriedades mecânicas dos materiais. Sua presença e movimento influenciam diretamente a resistência à fratura, a fadiga e a plasticidade dos materiais.

- **Resistência à fratura**: os deslocamentos afetam a maneira como um material se fratura. A presença de deslocamentos pode permitir a deformação plástica, o que, na verdade, pode melhorar a resistência à fratura ao dissipar as tensões concentradas e permitir uma deformação mais uniforme antes da fratura.

- **Fadiga**: os deslocamentos também estão envolvidos no processo de fadiga. Durante a carga cíclica, os deslocamentos podem interagir e se acumular, promovendo a formação de trincas e influenciando a vida útil do material sob cargas repetidas.

- **Plasticidade**: A plasticidade de um material é aprimorada pela presença de deslocamentos. Seu movimento permite que o material se deforme sem quebrar, aumentando assim sua ductilidade.

Exemplos práticos dos setores aeroespacial e automotivo

- **Indústria aeroespacial**: Nas turbinas a gás, as superligas precisam suportar condições extremas de temperatura e estresse. O gerenciamento de deslocamentos nessas ligas otimiza seu desempenho, aumentando sua resistência à fadiga e à fratura.

- **Setor automotivo**: Os materiais usados em componentes de alto desempenho, como pistões e eixos de transmissão, também se beneficiam do gerenciamento de deslocamento. Isso melhora a resistência ao desgaste e a durabilidade em condições operacionais severas.

2. Controle e otimização de deslocamento

Técnicas de tratamento térmico e mecânico para controle de deslocamentos

O controle dos deslocamentos é essencial para otimizar as propriedades dos materiais. As técnicas de tratamento térmico e mecânico podem ser usadas para ajustar a densidade e o comportamento dos deslocamentos para obter as propriedades desejadas.

- **Tratamento térmico**: tratamentos como têmpera e revenimento modificam a estrutura dos deslocamentos e as propriedades mecânicas dos materiais. Por exemplo, o revenimento em alta temperatura após a têmpera reduz a densidade de deslocamentos e melhora a ductilidade, mantendo uma boa resistência.

- **Tratamento mecânico**: técnicas como laminação e extrusão modificam a distribuição e o movimento dos deslocamentos. Esses tratamentos podem ser usados para refinar a microestrutura do material, aumentando sua resistência e plasticidade.

Exemplos de otimização na fabricação de componentes críticos

- **Componentes críticos**: na fabricação de componentes críticos, como peças de motores e estruturas de alto desempenho, o gerenciamento preciso de deslocamentos é usado para melhorar a confiabilidade e o desempenho. Por exemplo, o tratamento térmico de aços de alta resistência fornece propriedades ideais para aplicações exigentes.

3. Estudos de casos avançados

Estudo de caso 1: Deslocamentos em superligas

Contexto e importância das superligas

As superligas são materiais essenciais usados em ambientes extremos, como turbinas a gás de motores de aeronaves e reatores de usinas elétricas. Essas ligas devem manter suas propriedades mecânicas em altas temperaturas, muitas vezes superiores a 1.000 °C, e resistir à corrosão e ao desgaste. Os deslocamentos desempenham um papel fundamental no desempenho das superligas, e seu gerenciamento é essencial para otimizar sua resistência à fadiga e à fratura.

Gerenciamento de deslocamento em superligas

O gerenciamento de deslocamento em superligas é obtido por vários meios, incluindo o ajuste da composição química, o tratamento térmico e o controle das condições de fabricação. Veja a seguir como esses fatores influenciam o desempenho das superligas:

1. **Composição química**

   o **Adição de elementos de liga**: Elementos como molibdênio, tungstênio e cobalto são adicionados às superligas para formar precipitados que impedem o movimento de deslocamentos. Esses precipitados, como carbetos e fases gama, atuam como barreiras aos deslocamentos, fortalecendo a liga.

   Caso em questão: a superliga Inconel 718, usada em turbinas a gás, contém nióbio e titânio, que formam precipitados gama. Esses precipitados impedem que os deslocamentos deslizem, melhorando assim a resistência à fratura e à fadiga em altas temperaturas.

2. **Tratamento térmico**

   o **Têmpera e revenimento**: os tratamentos térmicos são usados para modificar o tamanho, a forma e a distribuição de precipitados e deslocamentos. Por exemplo, o revenimento após a têmpera pode ajustar a densidade dos deslocamentos e otimizar as propriedades mecânicas do material.

   Exemplo: Na superliga CMSX-4, um tratamento térmico de alta temperatura seguido de resfriamento rápido pode aumentar a densidade de precipitados gama' e, ao mesmo tempo, reduzir a densidade de deslocamentos, melhorando, assim, a resistência à fadiga e a estabilidade dimensional do material.

3. **Condições de fabricação**

   - **Processos de fabricação**: Os processos de fabricação, como fusão, forjamento e extrusão, influenciam a microestrutura das superligas, inclusive a distribuição de deslocamentos. O controle preciso das condições de fabricação pode reduzir os defeitos internos e otimizar as propriedades do material.

     Caso em questão: a superliga Rene 41, usada em turbinas a gás, é fabricada por meio de um processo de fusão a vácuo para minimizar as impurezas e controlar o tamanho dos grãos. Isso permite controlar a densidade de deslocamentos e maximizar o desempenho mecânico do material.

Exemplos concretos de aplicações e gerenciamento de deslocamento

1. **Superliga Inconel 718**

   - **Descrição**: O Inconel 718 é uma superliga à base de níquel-cromo usada em turbinas a gás e componentes de motores de aeronaves. Ele contém elementos como nióbio e titânio, que formam precipitados gama' na matriz de níquel.

   - **Gerenciamento de deslocamentos**: a presença de precipitados gama impede o movimento de deslocamentos, aumentando a resistência à fratura e a durabilidade da superliga em altas temperaturas. O tratamento térmico é usado para ajustar o tamanho e a distribuição dos precipitados, otimizando as propriedades mecânicas.

2. **Superliga CMSX-4**

  o **Descrição**: O CMSX-4 é uma superliga de cristal único usada em turbinas a gás para aplicações de alta temperatura. Contém cromo e molibdênio que formam precipitados gama' dispersos na matriz de níquel.

  o **Gerenciamento de deslocamentos**: o tratamento térmico cuidadosamente controlado permite que a densidade de deslocamentos e precipitados seja ajustada, melhorando a resistência à fadiga e o desempenho geral da superliga. As propriedades mecânicas são otimizadas pelo revenimento em alta temperatura, que controla o tamanho do precipitado e a densidade de deslocamento.

3. **Superliga Rene 41**

  o **Descrição**: O Rene 41 é uma superliga à base de níquel usada em componentes de turbinas a gás. É conhecido por sua boa resistência à corrosão e por sua capacidade de manter suas propriedades mecânicas em altas temperaturas.

  o **Gerenciamento de deslocamentos**: o Rene 41 é fabricado usando fusão a vácuo e tratamento térmico para controlar a densidade de deslocamentos e precipitados. Esse gerenciamento otimizado de deslocamento contribui para melhorar o desempenho mecânico e aumentar a vida útil dos componentes.

Conclusão

O gerenciamento de deslocamento em superligas é essencial para otimizar suas propriedades mecânicas e seu desempenho em condições extremas. Ao ajustar a composição química, aplicar tratamentos térmicos e controlar as condições de fabricação, é possível manipular a densidade e a distribuição dos deslocamentos para melhorar a resistência à fadiga e à fratura. Exemplos concretos de superligas, como Inconel 718, CMSX-4 e Rene 41, ilustram como o gerenciamento de deslocamentos pode ser usado para desenvolver materiais de alto desempenho para aplicações críticas.

Estudo de caso 2: Deslocamentos em materiais nanoestruturados

Contexto e importância dos materiais nanoestruturados

Os materiais nanoestruturados, com dimensões na faixa dos nanômetros, têm propriedades físicas e mecânicas exclusivas que diferem das dos materiais em escala macroscópica. Nessa escala, os efeitos de superfície, as alterações na estrutura cristalina e as interações de deslocamento tornam-se predominantes. Os nanofios metálicos, os nanotubos e as nanopartículas ilustram como as propriedades mecânicas podem ser modificadas pelo gerenciamento de deslocamentos, influenciando características como dureza, resistência à fratura e ductilidade.

O papel dos deslocamentos em materiais nanoestruturados

1. **Deslocamentos móveis**

   o **Maior mobilidade**: nos nanofios metálicos, os deslocamentos podem se mover mais facilmente devido aos tamanhos menores e ao aumento das tensões em nanoescala. Isso pode melhorar a ductilidade e a resistência do material, em contraste com materiais de maior escala, em que os deslocamentos podem levar a fraturas mais rápidas.

   Exemplo concreto: Os nanofios de cobre apresentam melhor ductilidade do que os fios de cobre convencionais devido ao movimento facilitado de deslocamentos em escala nanométrica. Estudos mostram que a alta densidade de deslocamentos nos nanofios pode contribuir para uma maior capacidade de deformação sem quebra.

2. **Efeitos de superfície e controle de deslocamento**

   o **Influência de superfícies e interfaces**: Em nanoescala, as superfícies e interfaces têm um impacto significativo na dinâmica de deslocamento. Os materiais nanoestruturados podem ter interfaces entre grãos ou entre diferentes fases que afetam a maneira como os deslocamentos se propagam e interagem.

Caso em questão: nos nanotubos de carbono, deslocamentos e defeitos de rede são frequentemente observados ao longo das interfaces dos tubos. Essas interações podem influenciar as propriedades mecânicas e elétricas dos nanotubos, afetando seu uso em aplicações eletrônicas e compostas.

3. **Modelagem de deslocamento em nanoescala**

- **Abordagens de simulação**: Simulações atomísticas, como o método de dinâmica molecular, são usadas para estudar o comportamento de deslocamentos em materiais nanoestruturados. Essas simulações fornecem informações sobre como os deslocamentos interagem com superfícies e interfaces em escala nanométrica.

  Exemplo prático: As simulações de dinâmica molecular de nanofios de tungstênio mostram como os deslocamentos interagem com as interfaces entre grãos e superfícies. Os resultados revelam que os deslocamentos podem se agrupar e causar deformações localizadas, que podem ser exploradas para projetar materiais nanoestruturados com propriedades mecânicas específicas.

Aplicações e otimização de materiais nanoestruturados

1. **Nanofios metálicos**

   o **Propriedades mecânicas**: os nanofios metálicos, como os feitos de cobre ou ouro, têm maior resistência e melhor ductilidade em comparação com os fios convencionais devido à interação de deslocamentos em escala nanométrica.

   Caso em questão: os nanofios de ouro usados em sensores e dispositivos eletrônicos se beneficiam de sua capacidade de se deformar sem quebrar, o que se deve em parte ao gerenciamento de deslocamentos em escala nanométrica. Isso torna possível projetar dispositivos mais robustos e confiáveis.

2. **Nanotubos de carbono**

   o **Aplicações eletrônicas**: os nanotubos de carbono, com suas estruturas hexagonais e propriedades excepcionais, usam deslocamentos para melhorar o desempenho de dispositivos eletrônicos. Os deslocamentos nos nanotubos podem influenciar a condutividade elétrica e a resistência mecânica.

   Caso em questão: os dispositivos baseados em nanotubos de carbono, como os transistores de efeito de campo (FETs), beneficiam-se do gerenciamento de deslocamento para otimizar seu desempenho eletrônico. A compreensão das interações de deslocamento ajuda a melhorar a estabilidade e a eficiência do dispositivo.

3. **Materiais nanoestruturados para aplicações biomédicas**

- o **Propriedades aprimoradas**: os materiais nanoestruturados também são usados em aplicações biomédicas, nas quais os deslocamentos podem influenciar a biocompatibilidade e a durabilidade de implantes e dispositivos.

  Caso em questão: os implantes de titânio nanoestruturados usam o gerenciamento de deslocamento para melhorar a resistência à fadiga e a durabilidade em ambientes biológicos, oferecendo implantes mais confiáveis para aplicações médicas.

Capítulo 6: O legado de Sir Alan Cottrell: deslocamentos e aplicações práticas

1. Bibliografia de Sir Alan Cottrell

Sir Alan Cottrell (1923-2012) é amplamente reconhecido por suas contribuições inovadoras à ciência dos materiais, especialmente no campo dos deslocamentos. Seu trabalho estabeleceu bases essenciais para a compreensão do comportamento dos materiais sob tensão. Aqui está uma seleção de suas publicações mais influentes:

- **Cottrell, A. H. (1953).** *Dislocations and Plastic Flow in Crystals (Deslocamentos e fluxo plástico em cristais)*. Oxford University Press. Esse texto pioneiro apresenta os princípios fundamentais do modelo de deslocamento e sua função no fluxo plástico dos cristais.

- **Cottrell, A. H. (1964).** *The Strength of Solids (A resistência dos sólidos).* Butterworths. Nesse livro, Cottrell desenvolve suas teorias sobre a resistência dos sólidos, com atenção especial às interações entre deslocamentos e outros defeitos.

- **Cottrell, A. H. (1970).** *The Mechanical Properties of Materials.* Macmillan. Essa obra explora em profundidade as propriedades mecânicas dos materiais, incorporando descobertas sobre deslocamentos e sua influência sobre a resistência e a ductilidade dos materiais.

- **Cottrell, A. H., & Oakeshott, L. H. H. B. (1980).** *The Theory of Crystal Dislocations.* Academic Press. Esta publicação fornece uma revisão abrangente das teorias desenvolvidas sobre deslocamentos e seu impacto sobre as propriedades dos materiais.

2. Descoberta e teorias de Sir Alan Cottrell

Contexto histórico:

Na década de 1950, a compreensão dos fenômenos de deformação plástica em metais ainda era limitada. A teoria dos deslocamentos, introduzida por Cottrell, forneceu uma explicação inovadora do comportamento mecânico dos materiais. Antes de suas contribuições, a deformação plástica era explicada principalmente por modelos de deslizamento de planos atômicos sem levar em conta defeitos internos complexos.

Descoberta:

Sir Alan Cottrell introduziu conceitos importantes sobre deslocamentos, defeitos lineares na estrutura cristalina dos materiais. Ele formulou teorias que explicam como os deslocamentos influenciam a maneira como os materiais se deformam sob tensão, especialmente em altas temperaturas.

Modelo de deslocamento:

- **Modelo de deslocamento:** O modelo de deslocamento de Cottrell descreve como os deslocamentos se movem pelas redes cristalinas e interagem com os átomos vizinhos. Ele propôs que os deslocamentos podem se multiplicar e formar redes complexas, que influenciam as propriedades mecânicas dos materiais. Esse modelo é fundamental para a compreensão dos mecanismos de deformação plástica.

- **Efeito das impurezas:** Cottrell também desenvolveu a ideia de que os deslocamentos podem se ligar a impurezas nos metais, aumentando a resistência do material ao impedir o movimento dos deslocamentos. Essa interação entre os deslocamentos e as impurezas é essencial para explicar o comportamento mecânico observado nas ligas metálicas.

3. Principais contribuições e impactos

Modelo teórico:

As teorias de Cottrell levaram a uma melhor compreensão dos mecanismos de deformação plástica. Seu modelo teórico destacou como os deslocamentos se movem, travam e interagem com outros defeitos e impurezas, oferecendo uma explicação quantitativa da resistência e da ductilidade dos materiais.

Aplicações práticas:

- **Tratamento térmico:** as descobertas de Cottrell levaram a melhorias significativas nos processos de tratamento térmico de ligas metálicas. Ao compreender como os deslocamentos interagem com os átomos de impureza, os engenheiros conseguiram otimizar as propriedades mecânicas das ligas para aplicações críticas.

- **Setor aeroespacial:** Suas teorias tiveram um grande impacto no setor aeroespacial. As ligas metálicas usadas em motores de aeronaves e em outras aplicações de alto desempenho se beneficiam dos princípios desenvolvidos por Cottrell, possibilitando melhorar sua resistência à fadiga e à fratura.

Avanços tecnológicos:

Os conceitos de Cottrell foram incorporados ao design de materiais modernos, influenciando campos como a metalurgia de ligas, a ciência de materiais compostos e tecnologias avançadas. Suas teorias continuam a ser usadas para desenvolver materiais mais fortes e de melhor desempenho que atendem às demandas de tecnologias de ponta.

4. Estudos de caso e aplicativos

Superligas:

As superligas, como as usadas em turbinas a gás, ilustram a aplicação dos princípios de Cottrell. Ao ajustar a composição química e os tratamentos térmicos, os engenheiros podem controlar o tamanho e a distribuição dos deslocamentos para otimizar o desempenho dos materiais em altas temperaturas. Isso permite que as turbinas a gás operem de forma eficiente em condições extremas, mantendo a alta resistência à fadiga e à fratura.

Materiais nanoestruturados:

Os materiais nanoestruturados, como os nanofios metálicos, mostram como a compreensão dos deslocamentos em escala nanométrica melhora as propriedades dos materiais. Os deslocamentos nesses materiais podem se mover mais facilmente, oferecendo melhor ductilidade e maior resistência. Essa compreensão é fundamental para o desenvolvimento de materiais com propriedades específicas para aplicações avançadas, como dispositivos eletrônicos nanométricos.

5. Perspectivas futuras

O trabalho de Cottrell continua a inspirar a pesquisa moderna em ciência dos materiais. Os avanços em simulações numéricas e técnicas experimentais permitem que suas teorias sejam testadas e refinadas, explorando materiais emergentes e tecnologias avançadas. Os pesquisadores se esforçam para aplicar os conceitos de deslocamento para desenvolver materiais com propriedades aprimoradas, incorporando descobertas recentes para atender aos desafios tecnológicos atuais e futuros.

Este capítulo ilustra como as contribuições de Sir Alan Cottrell moldaram nossa compreensão dos deslocamentos e seu impacto na ciência dos materiais, com aplicações práticas que continuam a revolucionar o setor moderno.

Conclusão

Resumo dos pontos principais

Este livro oferece uma exploração exaustiva dos deslocamentos, começando com sua descoberta histórica no início do século XX, que revolucionou nossa compreensão dos mecanismos de deformação dos materiais. Definimos os deslocamentos, detalhamos suas estruturas e explicamos os diferentes tipos, incluindo os deslocamentos em cunha e helicoidais. Os mecanismos pelos quais os deslocamentos se movem e seu impacto sobre as propriedades mecânicas dos materiais, como resistência, ductilidade e fadiga, foram claramente explicados. Foram examinadas técnicas modernas de observação, como a microscopia eletrônica de transmissão e a difração de raios X, bem como métodos de modelagem e simulação. Os estudos de caso ilustraram como o gerenciamento de deslocamentos é essencial para a otimização de materiais em aplicações práticas que vão desde superligas de turbinas a gás até materiais nanoestruturados.

Perspectivas futuras

A pesquisa sobre deslocamentos continua a evoluir, com desenvolvimentos promissores na compreensão dos fenômenos em nanoescala e na capacidade de projetar materiais com propriedades personalizadas. Inovações recentes em modelagem atomística e técnicas experimentais estão abrindo caminho para materiais mais robustos e de alto desempenho, especialmente nos campos aeroespacial, automotivo e biomédico. As tendências emergentes incluem a integração de deslocamentos no projeto de materiais avançados e o uso de nanotecnologias para manipular propriedades mecânicas em uma escala ainda mais fina. As pesquisas futuras devem se concentrar na melhoria da durabilidade dos materiais e na otimização de seu desempenho por meio da exploração dos mecanismos de deslocamento.

Léxico

- **Deslocamento**: defeito linear em uma estrutura cristalina que influencia as propriedades mecânicas dos materiais.

- **Deslizamento**: movimento de planos atômicos através da estrutura cristalina sob tensão.

- **Deformação plástica**: mudança permanente na forma de um material sob tensão.

- **Plano de deslizamento**: Plano específico em que os deslocamentos se movem com mais facilidade.

- **Deslocamento de borda**: Deslocamento criado pela inserção de um plano adicional de átomos.

- **Deslocamento de parafuso**: Deslocamento em que a rede é deformada em uma espiral ao redor do eixo do deslocamento.

- **Vetor de Burgers**: Vetor que descreve a mudança local na estrutura cristalina causada por um deslocamento.

- **Direção de deslizamento**: direção na qual os deslocamentos têm maior probabilidade de se mover.

- **Microscopia eletrônica de transmissão (TEM)**: técnica para observar as estruturas internas das amostras.

- **Difração de raios X**: um método para analisar a estrutura cristalina.

- **Espectroscopia de força atômica (AFM)**: técnica para medir as forças entre uma sonda e a superfície de uma amostra.

- **Modelagem atômica**: Simulação de interações atômicas para estudar materiais.

- **Modelos contínuos**: abordagens que tratam os deslocamentos como entidades macroscópicas.

- **Dinâmica molecular**: um método para simular o movimento de átomos.

- **Software de simulação**: programas para modelar o comportamento de deslocamentos.

- **Superliga**: liga metálica projetada para suportar altas temperaturas e condições severas.

- **Precipitado**: fase sólida dispersa em uma matriz de metal que reforça o material.

- **Nanofios**: fios metálicos de tamanho nanométrico.

- **Nanotubos**: estruturas tubulares de carbono.

- **Ductilidade**: capacidade de um material de se deformar plasticamente antes de quebrar.

- **Endurecimento**: tratamento térmico que consiste em aquecer um metal a uma alta temperatura e, em seguida, resfriá-lo rapidamente para aumentar sua dureza.

- **Revenimento**: tratamento térmico realizado após o endurecimento para reduzir a fragilidade e melhorar a ductilidade.

Referências

1. Allen, M. P., & Tildesley, D. J. (1987). *Computer Simulation of Liquids (Simulação de Líquidos por Computador)*. Oxford University Press.

2. Bhushan, B. (2004). *Springer Handbook of Nanotechnology (Manual de Nanotecnologia da Springer)*. Springer.

3. Cottrell, A. H. (1953). *Dislocations and Plastic Flow in Crystals (Deslocamentos e fluxo plástico em cristais)*. Oxford University Press.

4. Cottrell, A. H. (1964). *The Strength of Solids (A resistência dos sólidos)*. Butterworths.

5. Cottrell, A. H. (1970). *The Mechanical Properties of Materials*. Macmillan.

6. Cottrell, A. H., & Oakeshott, L. H. H. B. (1980). *The Theory of Crystal Dislocations (A teoria dos deslocamentos de cristais)*. Academic Press.

7. Cullity, B. D., & Stock, S. R. (2001). *Elements of X-ray Diffraction (3ª ed.)*. Addison-Wesley.

8. Duan, X., & Lieber, C. M. (2000). *Nanowires for electronics and optoelectronics (Nanofios para eletrônica e optoeletrônica)*. Journal of Materials Chemistry, 10(7), 1675-1688.

9. Frank, F. C., & Bilby, B. A. (1950). *On the exchange of dislocations between crystals (Sobre a troca de deslocamentos entre cristais)*. Proceedings of the Royal Society of London. Series A, Mathematical and Physical Sciences, 199(1055), 111-131.

10.Gleiter, H. (1989). *Nanostructured materials: Basic concepts and physical properties (Materiais nanoestruturados: conceitos básicos e propriedades físicas)*. Proceedings of the Royal Society A, 426(1877), 227-242.

11.Hirth, J. P., & Lothe, J. (1982). *Theory of Dislocations (2ª ed.)*. Wiley.

12.Hull, D., & Bacon, D. J. (2011). *Introduction to Dislocations (5ª ed.)*. Pergamon Press.

13.Kocks, U. F., & Mecking, H. (2003). *Physics and phenomenology of strain hardening: The FCC case (Física e fenomenologia do endurecimento por deformação: o caso do FCC)*. Progress in Materials Science, 48(3), 171-273.

14.Liu, Y., & Zhang, Y. (2004). *Carbon nanotubes: Properties and applications (Nanotubos de carbono: propriedades e aplicações)*. Advanced Materials, 16(5), 286-294.

15.Murray, J. L. (2000). *High temperature superalloys: Properties and performance (Superligas de alta temperatura: Propriedades e desempenho)*. Journal of Materials Engineering and Performance, 9(4), 403-412.

16.Nye, J. F. (1953). *Some geometrical relations in dislocated crystals (Algumas relações geométricas em cristais deslocados)*. Acta Metallurgica, 1(2), 153-162.

17. Pitts, J. R., & Smith, B. C. (2005). *Simulation of Defects in Crystalline Materials (Simulação de Defeitos em Materiais Cristalinos)*. Cambridge University Press.

18. Ritter, J. R. (2001). *Heat treatment of nickel-based superalloys (Tratamento térmico de superligas à base de níquel)*. Heat Treatment of Metals, 28(3), 142-153.

19. Sohn, Y. H., & Rogers, R. R. (1991). *The role of precipitates in strengthening nickel-based superalloys (A função dos precipitados no fortalecimento de superligas à base de níquel)*. Journal of Materials Science, 26(7), 1941-1950.

20. Suresh, S. (1998). *Fatigue of materials (Fadiga de materiais)*. Cambridge University Press.

21. Wang, Y., & Chen, M. (2007). *Mechanical properties of nanowires and nanorods: A review*. Materials Science and Engineering: R: Reports, 58(3-5), 118-143.

22. Xie, Y., & Liu, C. (2008). *Mechanical behavior of nanostructured materials (Comportamento mecânico de materiais nanoestruturados)*. International Journal of Plasticity, 24(4), 655-669.

Printed by Books on Demand GmbH, Norderstedt / Germany